Made in the USA
Monee, IL
17 November 2025